MNEMOTECHNIK

DER

RECEPTOLOGIE.

LEICHT FASSLICHE ANLEITUNG

ZUM

ERLERNEN DER DURCH DIE PHARMACOPOE

VORGESCHRIEBENEN

MAXIMALDOSEN

AUF MNEMOTECHNISCHEM WEGE

VON

DR. MED. C. TH. HÜETLIN †

PRAKT. ARZT IN FREIBURG I. B.

SECHSTE UNVERÄNDERTE AUFLAGE.

SPEZIELLE BERÜCKSICHTIGUNG DES DEUTSCHEN ARZNEIBUCHES
V. AUSGABE.

———

WIESBADEN.
VERLAG VON J. F. BERGMANN.
1919.

Alle Rechte vorbehalten.

ISBN-13: 978-3-642-93999-0   e-ISBN-13: 978-3-642-94399-7
DOI: 10.1007/ 978-3-642-94399-7

Universitätsdruckerei H. Stürtz A. G., Würzburg.

Von vielen Studierenden der Medizin wird els schwer empfunden, dass ihnen auf der Universität keine Gelegenheit geboten wird, sich, wenn auch nur oberflächlich, in der Herstellung der verschriebenen Arzneiformen zu üben. Wie wenige Ärzte haben jemals eine Pille angefertigt, eine Salbe oder Emulsion! Und doch könnte dadurch das Studium der Arzneiverordnungslehre bedeutend gefördert werden.

Aber nicht nur das Studium der **Arzneiverordnungslehre**, sondern auch das der **Arzneimittellehre**, würde erleichtert. Die anzuwendenden Quantitäten der einzelnen Mittel würden sich vor allem dem Gedächtnisse viel leichter, ich möchte sagen, spielend einprägen. Wenn wir einmal selbst die kleinen Dosen der differenten Arzneimittel abgewogen haben, so haben wir unserem Gedächtnisse eine Vorstellung eingeprägt, die uns für spätere Fälle ein Erinnerungsbild abgibt, an der Hand dessen wir uns beim „Verschreiben" die nötige Quantität viel leichter vergegenwärtigen können, als wenn wir die Dosen in Zahlen ausgedrückt unserem Gedächtnisse einprägen. Allerdings wüssten wir die von der Pharmacopoe vorgeschriebenen Maximaldosen noch nicht, aber ihr Studium wäre uns erleichtert.

Ohne Vorstellung ist es sehr schwer, sich beispielsweise mit dem Begriffe Agaricinum die abstrakte Zahl 0,1, mit Atropin 0,001, mit Veratrin 0,002, mit Kreosot 0,5 etc. dauernd einzuprägen. Es gehört hierzu eine enorme Übung im Rezeptieren, wie sie die wenigsten Studierenden besitzen, wenn sie ins Examen gehen, oder ein phänomenales Zahlengedächtnis, wie es wiederum nur Wenigen eigen ist. Und doch muss der Studierende und Arzt jede Dosis, speziell die Maximaldosen der differenten Mittel genau kennen, um sich keine Blösse zu geben, und in der Praxis keinen Schaden anzurichten.

Durch Unkenntnis können hier Menschenleben, der eigene Ruf und die Existenz auf das Spiel gesetzt werden. Die von der Pharmacopoe vorgeschriebenen Maximaldosen müssen unbedingt festsitzen; sie mit absoluter Sicherheit zu erlernen, hat schon manchem schlaflose Stunden bereitet. Vielen bleibt nichts übrig, als sich die Zahlen auf den Examenstag einzuprägen, sie auswendig zu „büffeln" und sie vor dem Examen „rasch noch einmal zu überlesen". Viele können die Zahlen „einfach nicht behalten", sie verlassen sich auf gut' Glück im Examen und müssen in der Praxis „zuerst nachsehen", um differente Mittel zu verschreiben.

Gelegentlich einer Kritik der ersten Auflage vorliegenden Büchleins erteilt zwar Professor Levin den Rat, niemals Maximaldosen auswendig zu lernen, sondern sie „in einem kleinen Portemonnaie-Kalender" nachzuschlagen. Für den praktischen Arzt ist dieses Nachschlagen vor dem Patienten doch oft sehr peinlich, und für den Staatsexamens-Kandidaten bleibt der erwähnte Portemonnaie-Kalender wohl meist ein frommer Wunsch. Daher wird wohl ein Vorschlag zur Erleichterung zumal von den Staatsexamens-Kandidaten gerne aufgenommen werden[1]).

Meine Methode, die Maximaldosen auf mnemotechnischem Wege zu erlernen, ist äusserst einfach.

Die Hauptsache dabei ist, sich an Stelle einer Zahl ein passendes, d. h. die Zahl in sich schliessendes Wort dem Gedächtnisse einzuprägen. Und wieviel leichter behält man ein Wort als eine abstrakte Zahl, zumal wenn das Wort mit dem betreffenden Arzneimittel in logischem Zusammenhange steht! Wieviel leichter ist es doch z. B. mit Santonin das Wort „Ascariden" zu verbinden und zu merken, als die abstrakte Zahl 0,1, denn Santonin geben wir bekanntlich gegen Ascariden.

Wer die Methode einmal erfasst hat, lässt nicht mehr von ihr ab und vergisst sie nie wieder.

Die nötigen Regeln sind kurz folgende:

1. Die Zahlen 1, 2, 3, 4, 5 (höhere Zahlen

---

[1]) In dieser Annahme bestärkten mich zahlreiche Zuschriften dankbarer Kollegen, Karten von Klinizistenabenden und Examens-Kneipen. Kollege Psaltis in Athen hat mein Büchlein ins Griechische übersetzt, und kürzlich bat mich ein Däne, es auf Dänisch wiedergeben zu dürfen. Der Verfasser.

brauchen wir nicht, denn es gibt keine Maximaldosen 0,6, 0,7 etc.) werden durch die 5 Vokale des Alphabets ausgedrückt, sodass die Zahl
- 1 durch den **ersten** Vokal im Alphabet, also durch a (ä),
- 2 durch den **zweiten** Vokal im Alphabet, also durch e,
- 3 durch den **dritten** Vokal im Alphabet, also durch i,
- 4 durch den **vierten** Vokal im Alphabet, also durch o (ö),
- 5 durch den **fünften** Vokal im Alphabet, also durch u (ü)

wiedergegeben wird; also a, e, i, o, u heisst 1, 2, 3, 4, 5.

2. Anstatt eine abstrakte Zahl mit dem Namen des Medikaments zu verbinden, merken wir uns ein mit diesem in irgend welchem Zusammenhange stehendes Wort z. B. zu Santonin „Ascariden", da Santonin gegen Ascariden gegeben wird; zu Extr. Strychni: „Brechnussextrakt", die einfache deutsche Übersetzung; zu Apomorphin:

„Brechzentrum", d. h. den Ort seiner Einwirkung.

3. Nur die **ersten zwei Vokale** dieser Worte also bei **A**s**ca**riden **aa**, bei Br**e**chn**u**ssextrakt **eu**, bei Br**e**chz**e**ntrum **ee** kommen in Betracht, die Konsonanten und etwa folgende Vokale bleiben stets ganz ausser Spiel.

4. Der **erste** dieser beiden Vokale bedeutet jeweils die **Anzahl der Nullen** (Null vor dem Komma mitgerechnet), der **zweite** Vokal bedeutet **die hinter den Nullen stehende Ziffer.**

aa in **A**s**ca**riden bedeutet also 1,1; die erste 1 sagt aus: eine Null, die zweite 1 sagt aus: hinter dieser Null steht die Ziffer 1, also 0,1.

eu in Br**e**chn**u**ssextrakt bedeutet (e=2) zwei Nullen, dahinter (u=5) die Ziffer 5 also 0,05.

ee in Br**e**chz**e**ntrum (e=2, e=2) bedeutet zwei Nullen, dahinter die Ziffer 2, also 0,02.

au würde bedeuten (a=1, u=5) 0,5.

io (i=3, o=4) 0,004.

oa (o=4, a=1) 0,0001 u. s. w.

Wir haben uns also nur zu jedem Arzneimittel ein passendes — mit Leichtigkeit selbst zu konstruierendes, unten nur als Beispiel angeführtes — Wort zu merken, und können aus den ersten 2 Vokalen dieses Wortes gleich die **Ma**x**i**maleinzeldose herauslesen.

Die Maximal**tages**dose beträgt fast durchweg das **Dreifache** der Maximal**einzel**dose (0,9 bezw. 0,09 auf 1,0 bezw. 0,1, und 0,45 bezw. 4,5 auf 0,5 bezw. 5,0 abgerundet). Abweichend hiervon verhalten sich nur die Strychninpräparate (Strychninum nitricum, Extractum Strychni, Semen Strychni, Tinctura Strychni) und Pilocarpinum hydrochloricum, bei welchen wegen ihrer kumulierenden Wirkung die Maximaltagesdose ebenso wie bei den Schlafmitteln (Amylenhydrat, Chloralhydrat, Veronal, Sulfonal und Methylsulfonal) nur das Doppelte der Maximal einzeldose beträgt. Andererseits haben die älteren harntreibenden Mittel Folia Digitalis das Fünffache und Theobrominum natriosalicylicum (Diuretin die sechsfache Maximal einzeldose als Maximaltagesdose, (nicht aber die neueren Theocin und Theophyllin 0,5—1,5).

a (ä) e i o (ö) u (ü)
1   2 3 4   5

Die für Zahnärzte besonders wichtigen Mittel sind durch ✳ gekennzeichnet.

Arzneimittel	Maximaleinzeldose	wiedergegeben durch	Merkwort	Maximaltagesdose
Scopolaminum hydrobromicum	0,0005	o u	H**o**ffn**u**ng zum Dämmerschlaf in der Geburtshilfe angewendet bei Frauen, die in der Hoffnung sind.	0,0015
Atropinum sulfuricum	0,001	i a	**i**ns **A**uge (denn alle drei Mittel werden ins Auge getropft).	0,003
Homatropinum hydrobromicum	0,001	i a		0,003
Physostigminum salicylicum	0,001	i a		0,003
Phosphorus	0,001	i a	**I**nhal**a**tion (durch Inhalation von Phosphordämpfen entstehen chronische Phosphorvergiftungen).	0,003

Arzneimittel	Maximaleinzeldose	wiedergegeben durch	Merkwort	Maximaltagesdose
Suprarenin. hydrochloricum	0,001	i a	**In**tr**a**cutan-Injection	
Veratrinum	0,002	i e	N**ie**sswurz (Veratrin wird bekanntlich aus der Niesswurz gewonnen)	0,015
Acidum arsenicosum	0,005	i u	P**i**l**u**lae asiaticae (acidum arsen. wird meist gegeben in Form der Pilulae asiaticae).	0,015
Diacetylmorphinum hydrochloricum (Heroin)	0,005	i u	**I**nfl**u**enza. Wird bei Husten, besonders auch bei Influenza gegeben an Stelle von Morph**iu**m.	0,015
Strychninum nitricum	0,005	i u	Tr**i**sm**u**s (Strychnin. nitr. erregt Trismus.)	0,01

Arzneimittel	Maximaleinzeldose	wiedergegeben durch	Merkwort	Maximaltagesdose
Apomorphinum hydrochloricum	0,02	e e	Brechzentrum (Apomorphin wirkt Erbrechen erregend durch Reizung des Brechzentrums).	0,06
✳ Hydrargyrum bichloratum	0,02	e e	Element (Quecksilber ist ein Element).	0,06
Hydrargyrum bijodatum	0,02	e e		0,06
Hydrargyrum cyanatum	0,02	e e		0,06
Hydrargyrum oxydatum	0,02	e e		0,06
Hydrargyrum oxydatum via humida paratum	0,02	e e		0,06
Hydrargyrum salicylicum	0,02	e e		—
Jodum	0,02	e e	Element (Jod ist ein Element).	0,06

Arzneimittel	Maximaleinzeldose	wiedergegeben durch	Merkwort	Maximaltagesdose
Pilocarpinum hydrochloricum	0,02	e e	**Sekretion** (Pilokarpin befördert die Sekretion der Drüsen).	0,04
✳ Argentum nitricum	0,03	e i	St**ei**n (Stein der Hölle).	0,1
Dionin = Acetylmorphinum hydrochloricum	0,03	e i	Resp**i**rationsorgane (wird gegeben bei Erkrankung der Respirationsorgane).	—
Hydrastininum hydrochloricum	0,03	e i	W**ei**b (wird meist bei Uterus-Blutung angewendet).	0,1
✳ Morphinum hydrochloricum	0,03	e i	**Ei**nspritzung (Morphium-Einspritzung).	0,1
Äthylmorphinum hydrochloricum	0,03	e i	wie Morphium hydr. = **Ei**nspritzung	0,1

Arzneimittel	Maximaleinzeldose	wiedergegeben durch	Merkwort	Maximaltagesdose
Cantharides	0,05	e u	**Entzündung** (erregen alle drei in grossen Dosen genommen Entzündung des Darms).	0,15
Extractum Colocynthidis	0,05	e u		0,15
Oleum Crotonis	0,05	e u		0,15
※ Cocainum hydrochloricum	0,05	e u	Ge**fü**hllos (Cocain macht gefühllos).	0,15
Extractum Belladonnae	0,05	e u	T**eu**felskirschenextrakt.	0,15
Extractum Strychni	0,05	e u	Br**e**chn**u**ssextrakt.	0,1!
※ Acidum carbolicum	0,1	a a	p**ara**siticid (Karbol wirkt parasiticid).	0,3
Agaricinum	0,1	a a	**Aga**ricinum.	—
Codeïnum phosphoricum	0,1	a a	K**ata**rrh (Codeïn wird bei Katarrh gegeben).	0,3

Arzneimittel	Maximaleinzeldose	wiedergegeben durch	Merkwort	Maximaltagesdose
Extractum Hyoscyami	0,1	a a	**Na**cht sch**a**ttenextrakt.	0,3
Herba Lobeliae	0,1	a a	**A**sthm**a** (HerbaLobeliae wird geg. Asthma gegeben).	0,3
Plumbum aceticum	0,1	a a	**Da**rmk**a**tarrh (Plumbum aceticum wird b. Darmkatarrh gegeben, vergl. Extr. opii Seite 16.	0,3
Podophyllinum	0,1	a a	L**a**x**a**ns.	0,3
Santoninum	0,1	a a	**A**sc**a**riden (Santonin wird gegen Ascaridengegeben).	0,3
Semen Strychni	0,1	a a	Kr**a**mpfs**a**men.	0,2!
Tartarus stibiatus	0,1	a a	T**a**rt**a**rus.	0,3

Arzneimittel	Maximaleinzeldose	wiedergegeben durch	Merkwort	Maximaltagesdose
Tubera Aconiti	0,1	a a	Alcaloïd (Tubera Aconiti enthält das Alcaloïd Aconitin).	0,3
Extractum opii	0,1	a a	Darmkatarrh vergleiche Bemerkung zu Tinctura opii Seite 23.	0,3
Opium	0,15			0,5
Arsacetin	0,2	a e	Arsen.	—
Atoxyl	0,2	a e	Arsen.	—
Folia Belladonnae	0,2	a e	Blätter (der Teufelskirsche).	0,6
Folia Digitalis	0,2	a e	Blätter (des Fingerhuts).	1,0
Folia Stramonii	0,2	a e	Blätter (des Stechapfels).	0,6
✳ Jodoformium	0,2	a e	Gaze (Jodoformgaze).	0,6

Arzneimittel	Maximaleinzeldose	wiedergegeben durch	Merkwort	Maximaltagesdose
Natrium acetylarsenylicum	0,2	a e	**Ars**e**n**	—
Natr. arsanilicum	0,2	a e	**Ars**e**n**	—
✱ Tinctura Jodi	0,2	a e	**Z**a**hn**sch**m**e**rz** (Tinct. Jodi wird bei Zahnschmerz eingepinselt) oder **Alg**e**n** (Tinctura Jodi wird aus Algen hergestellt).	
Fructus Colocynthidis	0,3	a i	**Dr**a**st**i**cum** bei Kotstauung.	1,0
Natrium nitrosum	0,3	a i	**N**a**tr**i**um** oder **Na**. **n**i**trosum**.	1,0
Gutti	0,3	a i	**Dr**a**st**i**cum**.	1,0
Folia Hyoscyami	0,4	a o	**N**a**rc**o**t**i**cum** (Herba Hyoscyami bildet mit Folia Bella-	1,2

Arzneimittel	Maximaleinzeldose	wiedergegeben durch	Merkwort	Maximaltagesdose
			donnae zusammen die Species narcoticae der Ph. Helv.).	
Acetanilidum ✻(Antifebrinum)	0,5	a u	H**au**ptfiebermittel.	1,5
Bromoformium	0,5	a u	bl**au**er Husten (Bromoform wird gegen „blauen Husten" gegeben).	1,5
✻Chloroformium	0,5	a u	**Au**ftropfen!	1,5
Coffeïnum	0,5	a u	B**au**m (Kaffeebaum).	1,5
✻ Kreosotum	0,5	a u	C**a**ps**u**la (Detur in capsulis).	1,5
Lactophenin	0,5	a u	D**au**erfieber wird bei langandauerndem Fieber (Typhus etc.) gegeben.	3,0

Arzneimittel	Maximaleinzeldose	wiedergegeben durch	Merkwort	Maximaltagesdose
¹) Liquor Kalii arsenicosi (Solutio Fowleri)	0,5	a u	F**au**leri (Fowleri wird Fauleri ausgesprochen).	1,5
Pyramidon	0,5	a u	D**au**erfieber (besonders bei Phthise).	1,5
Theocin	0,5	a u	H**a**rnfl**u**t.	1,5
Theophyllin	0,5	a u	H**a**rnfl**u**t.	1,5
Tinctura Aconiti	0,5	a u	R**an**unculacee (Akonit gehört zu d. Ranunculaceen).	1,5
Tinctura Cantharidum	0,5	a u	H**au**teinreibung (Tct. Cantharidum dient zu Hauteinreibungen).	1,5
Tinctura Strophanti	0,5	a u	St**au**ung (wird verordnet bei Herzfehlern mit venöser Stauung).	1,5

¹) Solutio Fowleri hat als wässerige Lösung von arseniksaurem Kalium entsprechend einem Gehalte von 1 % arseniger Säure die 100 fache Maximaldose wie Acidum arsenicosum. (Vergl. Anmerkung betr. Opium Seite 23).

Die wenigen Arzneimittel, deren Maximaldosis 1 Gramm und mehr beträgt, sind auch auf gewöhnliche Weise dem Gedächtnisse leicht einzuprägen. Wir müssten uns, um dieser Methode treu zu bleiben, einsilbige Worte suchen, welche den passenden Vokal enthalten; solche mit dem Mittel in logischem Zusammenhange stehende einsilbige Worte zu finden, ist nicht immer leicht, und scheint in der Tat unnötig. Auch würde die Anzahl der Merkworte so gross werden, dass sie nur schwer im Gedächtnisse haften könnten.

Wer sie sich jedoch auf gewöhnliche Weise nicht merken kann, der möge sie in Reime fassen. Selbstgeschmiedete Reime haften bekanntlich im Gedächtnisse besser als auswendig gelernte Verse „anderer Dichter" [1]).

---

[1]) Dr. O. Ille (Anleitung, die Maximaldosen leicht und sicher zu erlernen), hat meine Methode, die Zahlen der vorgeschriebenen Maximaldosen in Buchstaben umzuändern, nachgeahmt. Er fordert sowohl für die Maximal-Einzelgabe als auch für die Maximal-Tagesgabe ein besonderes Merkwort, und tadelt, dass bei mir die Arzneimittel mit Maximaldose von 1 Gramm und darüber keine Merkworte haben. Dadurch verfällt er aber meines Erachtens in einen grossen Fehler: die Anzahl seiner Merkworte, die, wie er selbst sagt, bisweilen ziemlich weit hergeholt werden müssen, wird dadurch viel zu gross — mehr als doppelt so gross! Dies möchte ich gerade — und zwar absichtlich — vermeiden! Auch Dr. Ille braucht am Schlusse noch einige Verse, ausser seinen zahlreichen Merkworten.

Es wurden mir zur Vervollständigung meines Werkchens in liebenswürdigster Weise von mehreren Herrn Kollegen verschiedene dichterische Winke zur Verwertung in einer „etwaigen weiteren Auflage meines Büchleins" überlassen.

Einige derselben, die sich besonders durch Kürze auszeichnen, möchte ich hier anführen:

Willst mehrmals Brechen Du erregen!
Lass' ein Gramm Kupfer oder Zink abwägen!

Coloquinth'-Lobel-Strychnin'-Tinktur
Mehr als ein Gramm bringt Schaden nur.

Willst Du einmal gründlich stopfen,
Gib anderthalb Gramm Opiumtropfen.

Tee-Kaffee-Salz, Phenazetin
Ein Gramm reicht zur Wirkung hin!

Fürs Herz ist nichts aequalis
Eins Komma fünf Tincturae Digitalis.

Colchicin-Wein und Tinktur
Trink wie Mandelwasser nur:
Zwei Gramm, darüber keine Spur!

Probier's einmal mit **Sulfonal**,
Auf **zwei** Gramm schläfst Du allemal

Bedenke ja, dass von **Chloral**
Mehr als **drei** Gramm sind stets fatal.

Bei **Formamid** und **Amylen**
Wird man bis **vier** Gramm sicher geh'n.

Paraldehyd wirkt nicht gefährlich,
Mehr als **fünf** Gramm ist auch entbehrlich.

Die in Betracht kommenden Mittel seien der Vollständigkeit halber angeführt:

Arzneimittel mit Maximaleinzeldose von 1,0 und darüber.	Maximaleinzeldose	Maximaltagesdose
Coffeïnum natriosalicylicum	1,0	3,0
Theobrominum natriosalicylicum . . .	1,0	6,0
Cuprum sulfuricum	1,0	—
Phenacetinum	1,0	3,0
Tinctura Colocynthidis	1,0	3,0
Tinctura Lobeliae	1,0	3,0
Tinctura Strychni	1,0	2,0!
Zincum sulfuricum	1,0	—

Arzneimittel	Maximaleinzeldose	Maximaltagesdose
Tinctura Digitalis	1,5	5,0
Tinctura Opii crocata	1,5	5,0
Tinctura Opii simplex	1,5	5,0
Pulvis Ipecacuanhae opiatus (Doweri)	1,5	5,0

Tinctura Opii crocata, Tinctura Opii simplex und Pulvis Ipecacuanhae haben die zehnfache Maximaldose von Opium, da sie eine Lösung von 1 : 10 (Pulvis Ipecacuanhae eine Mischung von 1 : 10) darstellen.

Arzneimittel	Maximaleinzeldose	Maximaltagesdose
Aqua amygdalarum amararum	2,0	6,0
Tinctura Colchici	2,0	6,0
Vinum Colchici	2,0	6,0
Sulfonalum	2,0	4,0
Methylsulfonalum (Trional)	2,0	4,0
Chloralum hydratum	3,0	6,0
Amylenum hydratum	4,0	8,0
Chloralum formamidatum	4,0	8,0
Paraldehydum	5,0	10,0

Alphabetische
Zusammenstellung der Arzneimittel
mit vorgeschriebener Maximaldose.

Arzneimittel	Merkwort	Maximaldose pro	
		dosi	die
✳ Acetanilidum (Antifebrin)	H**au**ptfiebermittel	0,5	1,5
✳ Acidum arsenicosum	P**ilu**lae asiaticae	0,005	0,015
✳ Acidum carbolicum	p**ara**siticid	0,1	0,3
Acidum diaethylbarbituricum (Veronal)	Veronal drei Viertel blos Darüber wird man sehr nervos	0,75	1,5
Aethylmorphinum hydrochl. (Dionin)	**E**inspritzung	0,03	0,1
Agaricinum	ag**a**ricinum	0,1	—
Amylenum hydratum	Bei Formamid und Amylen Wird man bis vier Gramm sicher geh'n.	4,0	8,0
Antipyrin		2,0	4,0
Apomorphinum hydrochloricum	Br**e**chzentrum	0,02	0,06
Aqua amygdalarum amararum	Colchicin-Wein und Tinktur Trink wie Mandelwasser nur Zwei Gramm, darüber keine Spur.	2,0	6,0

Arzneimittel	Merkwort	Maximaldose pro	
		dosi	die
✱ Argentum nitricum	St ei n	0,03	0,1
Arsacetin } Atoxyl	A r s e n	0,2	—
Atropinum sulfuricum	i n s **A** u g e	0,001	0,003
Bromoformium	bl**au**er Husten	0,5	1,5
Cantharides	**E**n t z **ü** n d u n g	0,05	0,15
Chloralum formami-datum	Bei Formamid und Amylen Wird man bis vier Gramm sicher geh'n.	4,0	8,0
Chloralum hydratum	Bedenke ja, dass von Chloral Mehr als drei Gramm sind stets fatal.	3,0	6,0
✱ Chloroformium	**A u** f t r o p f e n	0,5	1,5
✱ Cocaïnum hydro-chloricum	g e f **ü ü** h l l o s	0,05	0,15
Codeïnum phosphori-cum	K**a**t**a**rrh	0,1	0,3
Coffeinum-natrio-salicylicum	Tee- Kaffeesalz, Phenazetin Ein Gramm reicht stets zur Wirkung hin.	1,0	3,0
Coffeïnum	B**au**m	0,5	1,5
Cuprum sulfuricum	Willst mehrmals Brechen Du erregen, Lass' ein Gramm Kupfer oder Zink abwägen.	1,0	—

Arzneimittel	Merkwort	Maximaldose pro dosi	Maximaldose pro die
Diacetylmorphinum hydrochloricum (Heroin.hydrochloric.)	**Influenza** — statt **Morphium**	0,005	0,015
Dionin	**Respi**rations-organe	0,03	0,1
Diuretin		1,0	6,0
Duotal		1,0	3,0
Extractum Belladonnae	**Teu**felskirschen-extrakt	0,05	0,15
Extractum Colocynthidis	**E**ntz**ü**ndung	0,05	0,15
Extractum Filicis		10,0	10,0
Extractum Hyoscyami	N**a**chtsch**a**tten-extrakt	0,1	0,3
Extractum Opii	D**a**rmk**a**tarrh	0,1	0,3
Extractum Strychni	Br echn**u**ssextrakt	0,05	0,1
Folia Belladonnae	Bl**ä**tt**e**r	0,2	0,6
Folia Digitalis	Bl**ä**tt**e**r	0,2	1,0
Folia Hyoscyami	N**a**rc**o**ticum	0,4	1,2
Folia Stramonii	Bl**ä**tt**e**r	0,2	0,6
Fructus Colocynthidis	Dr**a**st**i**cum	0,3	1,0
Guajacolum carbonicum (Duotal)		1,0	3,0

Arzneimittel	Merkwort	Maximaldose pro	
		dosi	die
Gutti	**Drasticum**	0,3	1,0
Herba Lobeliae	**Asthma**	0,1	0,3
Heroinum hydrochloricum	**Influenza**	0,005	0,015
Hexamethylentetraminum (Urotropin)	Eins Komma Null Urotropin Hält glockenklar stets den Urin	1,0	3,0
Homatropinum hydrobromicum	**in's Auge**	0,001	0,003
✳ Hydrargyrum bichloratum	**Element**	0,02	0,06
Hydrargyrum bijodatum	**Element**	0,02	0,06
Hydrargyrum cyanatum	**Element**	0,02	0,06
Hydrargyrum oxydatum	**Element**	0,02	0,06
Hydrargyrum oxydatum via humida paratum	**Element**	0,02	0,06
Hydrargyrum salicylicum	**Element**	0,02	—
Hydrastininum hydrochloricum	**Weib**	0,02	0,1

Arzneimittel	Merkwort	Maximaldose pro dosi	Maximaldose pro die
✳ Jodoformium	**Gaze**	0,2	0,6
Jodum	**El**e**m**ent	0,02	0,06
✳ Kreosotum	**C**a**ps**u**la**	0,5	1,5
Lactophenin	**D**a**u**erfieber	0,5	3,0
Lactylphenetidinum			
Liquor Kalii arsenicosi	**Fau**leri	0,5	1,5
Methylsulfonalum	Probier's einmal mit Sulfonal, Auf zwei Gramm schläfst Du allemal.	2,0	4,0
✳ Morphinum hydrochloricum	}**Ei**nspritzung	0,03	0,1
Natrium acetylarsanilicum	**A**rs**e**n	0,2	—
Natrium arsanilicum	**A**rs**e**n	0,2	—
Natrium nitrosum	**N**a**tr**i**um**−**Na.** ni-trosum	0,3	1,0
Oleum Crotonis	**E**ntz**ü**ndung	0,05	0,15
Opium pulv.	vergl. Tinctura Opii ($^1/_{10}$)	0,15	0,5
Paraldehydum	P. wirkt nicht gefährlich, Mehr als fünf Gramm ist auch entbehrlich.	5,0	10,0
Phenacetinum	Tee- Kaffeesalz Phenacetin Ein Gramm reicht zur Wirkung hin.	1,0	3,0

Arzneimittel	Merkwort	Maximaldose pro dosi	Maximaldose pro die
✱ Phosphorus	Inhalation	0,001	0,003
Physostigminum salicylicum	ins Auge	0,001	0,003
Pilocarpinum hydrochloricum	Sekretion	0,02	0,04
Plumbum aceticum	Darmkatarrh	0,1	0,3
Podophyllinum	Laxans	0,1	0,3
Pulvis Ipecacuanhae opiatus	vergl. Tinctura Opii	1,5	5,0
Pyramidon	Dauerfieber	0,5	1,5
Salipyrin		2,0	6,0
Santoninum	Ascariden	0,1	0,3
Scopolaminum hydrobromicum	Hoffnung	0,0005	0,0015
Semen Strychni	Krampfsamen	0,1	0,2
Strychninum nitricum	Trismus	0,005	0,01
Sulfonalum	Probier's einmal mit Sulfonal Auf zwei Gramm schläfst Du allemal.	2,0	4,0
Suprarenin hydrochloricum	Intracutan-Injection	0,001	—
Tartarus stibiatus	Tartarus	0,1	0,3

Arzneimittel	Merkwort	Maximaldose pro	
		dosi	die
Theobrominum natrio salicylicum	Tee- Kaffeesalz, Phenacetin Ein Gramm reicht zur Wirkung hin.	1,0	6,0
Theocin	**Ha**rnfl**u**t	0,5	1,5
Theophyllinum	**Ha**rnfl**u**t	0,5	1,5
Tinctura Aconiti	R**anu**nculacee	0,5	1,5
Tinctura Cantharidum	H**au**teinreibung	0,5	1,5
Tinctura Colchici	Colchicin-Wein und Tinktur Trink wie Mandelwasser nur: Zwei Gramm, darüber keine Spur!	2,0	2,0
Tinctura Colocynthidis	Coloquinth-Lobel-Strychnin-Tinktur Mehr als ein Gramm bringt Schaden nur.	1,0	3,0
Tinctura Digitalis	Fürs Herz ist nichts aequalis Eins Komma fünf tincturae Digitalis	1,5	5,0
✳ Tinctura Jodi	Z**a**hnschm**e**rz	0,2	0,6
Tinctura Lobeliae	Coloquinth-Lobel-Strychnin-Tinktur Mehr als ein Gramm bringt Schaden nur.	1,0	3,0

Arzneimittel	Merkwort	Maximaldose pro dosi	Maximaldose pro die
Tinctura Opii crocata	Willst du einmal gründlich stopfen, Gib anderthalb Gramm Opiumropfen!	1,5	5,0
Tinctura Opii simplex			
Tinctura Strophanti	St a u u n g	0,5	1,5
Tinctura Strychni	Coloquinth-Lobel-Strychnin-Tinktur Mehr als ein Gramm bringt Schaden nur.	1,0	2,0
Trional		2,0	4,0
Tubera Aconiti	A l c a l o i d	0,1	0,3
Urotropin	siehe Hexamethylentetraminum	1,0	3,0
Veratrinum	N i e s s w u r z	0,002	0,005
Veronal	siehe Acidum diaethylbarbituricum	0,75	1,5
Vinum Colchici	Colchin-Wein und Tinktur Trink wie Mandelwasser nur: Zwei Gramm, darüber keine Spur!	2,0	6,0
Zincum sulfuricum	Willst mehrmals Brechen Du erregen, Lass' ein Gramm Kupfer oder Zink abwägen!	1,0	—

Als weitere Regel kann man sich merken, dass alle offizinellen Tinkturen mit oder ohne vorgeschriebenen Maximaldosen — insofern sie überhaupt innerlich gegeben werden — tropfenweise gegeben werden, und zwar die differenten bis zu 10 Tropfen, die meisten zu 10—20, einige bis 30 oder 40 Tropfen. Eine Ausnahme machen allein Tinctura Jodi (0,2 **Alg**en) (**Za**hnschm**e**rz) also höchstens 5 Tropfen und Tinctura Quebracho, Tinctura Ratanhiae, Tinctura haemostyptica, welche teelöffelweise, und Tinctura Rhei (aquosa und vinosa), welche tee- bis esslöffelweise gegeben werden. Also:

Tinctura Absinthii	20—30 Tropfen
Tinctura Aconiti höchstens .	10 Tropfen 0,5!
Tinctura Aloës composita . .	10—20 Tropfen
Tinctura Amara	15—20 „
Tinctura Arnicae	10—20 „
Tinctura aromatica	15—20 „
Tinctura Aurantii	20—30 „
Tinctura Benzoës	äusserlich „
Tinctura Calami	20—30 Tropfen
Tinctura Cantharidum . . .	äusserlich
Tinctura Capsici	10—30 Tropfen

Tinctura Catechu	20—30	Tropfen
Tinctura Chinae	20—30	„
Tinctura Chinae composita .	20—30	„
Tinctura Cinnamomi . . .	20—30	„
Tinctura Colchici	10—15	„
Tinctura Colocynthidis. . .	10—20	„
Tinctura Digitalis . . .	5—10—20!	„
Tinctura Ferri chlorata aetherea	10—30	„
Tinctura Ferri pomati . . .	20—30	„
Tinctura Gallarum	äusserlich	
Tinctura Gentianae	20—30	Tropfen
Tinctura Jodi	2—3!	„
Tinctura Ipecacuanhae . . .	10—30	„
Tinctura Lobeliae	10—20	„
Tinctura Myrrhae	10—20	„
Tinctura Opii benzoica . .	10—30	„
Tinctura Opii crocata . . .	10—20	„
Tinctura Opii simplex . . .	10—20	„
Tinctura Pimpinellae . . .	10—20	„
Tinctura Ratanhiae	½—1	Teelöffel
Tinctura Rhei (aquosa u. vinosa)	½—1	Teelöffel

als Stomachicum, 1 Esslöffel als Laxans.

Tinctura Scillae	10—20	Tropfen
Tinctura Strophanti	5—10	„ 0,5!

Tinctura Strychni . . 2—10—20 Tropfen 1,0!
Tinctura Valerianae. . . . 20—40 Tropfen
Tinctura Valerianae aetherea . 20—40 „
Tinctura Veratri . . . . . äusserlich
Tinctura Zingiberis . . . . 20—30 Tropfen.

Sollte einer der geehrten Herrn Kollegen einzelne passendere Merkworte finden als ich, und bessere Reime schmieden können als die angeführten, so bitte ich höflichst, mir dieselben zur Verwendung in einer etwaigen weiteren Auflage mitteilen zu wollen. Denjenigen Herren Kollegen, die mir zur Aufstellung dieser vorliegenden Auflage meiner Mnemotechnik in liebenswürdigster Weise ratend zur Seite gestanden haben, sage ich an dieser Stelle nochmals meinen besten Dank!

      Der Verfasser.

VERLAG VON J. F. BERGMANN IN WIESBADEN.

Der Sektionskurs

Kurze Anleitung zur pathologisch-anatomischen
:: Untersuchung menschlicher Leichen ::

von

Dr. Bernhard Fischer,

ord. Professor der allgemeinen Pathologie und pathologischen Anatomie, Direktor des Senckenbergischen pathologischen Instituts der Universität zu Frankfurt a. M.

unter Mitwirkung von

Priv.-Doz. Dr. **E. Goldschmid,** Prosektor und **Benno Elkan,** Bildhauer

Mit 92 zum Teil farbigen Zeichnungen

1919. — Preis gebunden Mk. 10.—

---

* **Einführung in die Dermatologie.** Von Professor Dr. **S. Bettmann** in Heidelberg. Preis Mk. 6.—.

---

* **Die operative Geburtshilfe der Praxis u. Klinik.**
Von Geh. Rat Professor Dr. **Fehling** in Straßburg. Zweite, umgearbeitete Auflage. Mit 80 Abbildungen. Geb. Mk. 5.—.

---

* **Grundzüge der Psychologie für Mediziner.** Von Dr. **H. Kahane** in Wien. Mk. 9.—.

---

* **Physiologisches Praktikum für Mediziner.** Von Prof. Dr. **R. F. Fuchs** in Berlin. Zweite, umgearbeitete Auflage. Geb. Mk. 8.—.

---

* Hierzu Teuerungszuschlag.

VERLAG VON J. F. BERGMANN IN WIESBADEN.

Die Diagnose der Geisteskrankheiten. Von Professor Dr. **Oswald Bumke** in Breslau. Mit zahlreichen Textabbildungen. Mk. 34.—.

Psychologische Vorlesungen für Hörer aller Fakultäten. Von Professor Dr. **Oswald Bumke** in Breslau. Mit 29 Abbildungen im Text. Mk. 14.—.

Winke für den ärztlichen Weg aus zwanzigjähr. Erfahrung. Von Dr. med. **Georg Knauer** in Wiesbaden. Zweite, vermehrte Auflage. M. 4.80.

Praktischer Leitfaden der qualitativen und quantitativen Harnanalyse. Von Professor Dr. **Sigmund Fränkel** in Wien. Dritte, umgearbeitete Auflage. Mit 6 Tafeln. Geb. Mk. 5.60.

Rezepttaschenbuch für Kinderkrankheiten. Von Prof. Dr. **O. Seifert** in Würzburg. Fünfte, umgearbeitete Auflage. Geb. Mk. 12.—.

Über den nervösen Charakter. Grundzüge einer vergleichenden **Individualpsychologie und Psychotherapie.** Von Dr. **Alfred Adler,** Wien. Zweite, verbesserte Auflage. Mk. 14.—.

MIX
Papier aus verantwortungsvollen Quellen
Paper from responsible sources
FSC® C105338

If you have any concerns about our products,
you can contact us on
ProductSafety@springernature.com

In case Publisher is established outside the EU,
the EU authorized representative is:
**Springer Nature Customer Service Center GmbH
Europaplatz 3, 69115 Heidelberg, Germany**

Printed by Libri Plureos GmbH
in Hamburg, Germany